BEI GRIN MACHT SICH IHR WISSEN BEZAHLT

- Wir veröffentlichen Ihre Hausarbeit, Bachelor- und Masterarbeit

- Ihr eigenes eBook und Buch - weltweit in allen wichtigen Shops

- Verdienen Sie an jedem Verkauf

Jetzt bei www.GRIN.com hochladen und kostenlos publizieren

Lars Wartenberg

Desertifikation, Desertation und Dürren. Ursachen und Wirkungen von Problemen der Trockenräume der Erde

Die Auswirkungen des globalen Klimawandels auf die Trockenräume der Erde

GRIN Verlag

Bibliografische Information der Deutschen Nationalbibliothek:

Die Deutsche Bibliothek verzeichnet diese Publikation in der Deutschen National-
bibliografie; detaillierte bibliografische Daten sind im Internet über http://dnb.d-
nb.de/ abrufbar.

Impressum:

Copyright © 2006 GRIN Verlag GmbH
Druck und Bindung: Books on Demand GmbH, Norderstedt Germany
ISBN: 978-3-638-93761-0

Dieses Buch bei GRIN:

http://www.grin.com/de/e-book/53903/desertifikation-desertation-und-duerren-
ursachen-und-wirkungen-von-problemen

Inhalt

ABBILDUNGSVERZEICHNIS

1 EINLEITUNG

Die Trockenräume der Erde nehmen insgesamt eine Fläche von 48 Mio. km²
ein. Dies entspricht ungefähr 36 % der Festlandsregionen. Charakteristisch für
diese Gebiete sind eine Verdunstung, die höher ist als die jährliche
Niederschlagsmenge. Folglich können je nach Temperatur und
Windverhältnissen Gebiete mit unterschiedlichen Niederschlagsmengen arid
sein. Diese Gebiete der Erde sind einer akuten Gefährdung durch den
Desertifikationsprozess ausgesetzt. Insgesamt sind weltweit Gebiete mit über
3,6 Mrd. ha Fläche, das entspricht ungefähr der Fläche Nord- und Südamerikas
zusammen, in 110 Staaten mit einer Gesamtbevölkerung von ca. 1 Mrd.
Menschen von Trockenheit und Desertifikation bedroht (DICHORÈ, 2002, 20).
Dabei gehen jährlich um die 6 Mio. ha Land unwiederbringlich verloren. Weitere
21 Mio. ha werden in solch einem Maße degradiert, dass eine
landwirtschaftliche Nutzung unwirtschaftlich geworden ist. Insgesamt gehen pro
Jahr ca. 24 Mrd. t Oberboden (entspricht in etwa der gesamten
landwirtschaftlichen Nutzfläche der USA) irreversibel verloren. Die dadurch
entstehenden jährlichen Einkommensverluste werden auf ca. 42. Mrd. US-$.

Da Desertifikation durch menschliche Aktivitäten bzw. durch menschliche
Passivität hervorgerufen worden ist, sollte durch ein verändertes Verhalten
auch ein Aufhalten oder zumindest eine Verlangsamung der
Desertifikationsprozesse möglich sein (UNEP 1987, 1).

Diese Arbeit beginnt mit der geographischen Verbreitung der Trockenräume auf
der Erde. Dabei werden auch die Zusammenhänge zwischen der Verbreitung
der Trockenräume mit unterschiedlichen Klimaten herausgestellt.

Danach folgt eine Erörterung der Ursachen von Desertifikation. Am Ende
werden Gegenmaßnahmen vorgestellt, die der (Fortschreitung der)
Desertifikation entgegenwirken sollen. Als Schlussfazit wir die Arbeit mit einem
Ausblick in die Zukunft beendet. Ziel der Arbeit ist es, einen allgemeinen,
einführenden Überblick über die Probleme und Ursachen der Desertifikation zu
geben und die Einflüsse des Klimas darzulegen.

1.1 ZUM BEGRIFF DER DESERTIFIKATION

Das Wort Desertifikation wurde erstmals von AUBREVILLE (1949) in seiner Veröffentlichung „Climats, forêts et désertification de l'Afrique tropicale" benutzt. Die Aufmerksamkeit der United Nations gilt seit 1952, mit der Gründung des UNESCO Arid Zone Programme, den Trockengebieten der Erde (THOMAS & MIDDLETON 1994, 2).

Seit dem Jahre 1977 spricht man in Zusammenhang mit der "lokalen oder regionalen Ausweitung von Wüstenflächen" (MENSCHING 1990, 7) nicht mehr von Verwüstung: Auf der Weltwüstenkonferenz (UNCOD, United Nations Conference on Desertification) in Nairobi wurde der Begriff Desertifikation offiziell eingeführt. Er setzt sich zusammen aus den Worten „desert" (Wüste) und „ficare" (lat. für „machen"). Aufgrund der Erkenntnis, dass der Mensch mit seinen falschen Bodenbewirtschaftungsweisen verantwortlich für die Ausbreitung von Wüsten ist, wurde damals auch die Grundlage für viele Ressourcenschutzprojekte geschaffen (DICHORÈ 2002, 21; THOMAS & MIDDLETON 1994, 2). Obwohl der Begriff Desertifikation in seiner heutigen Verwendung die Kenntnis über einen erheblichen Anteil menschlicher Schädigungen am Ökosystem beinhaltet, bleibt „der Ursachenkomplex Klima/Mensch [..] in seiner Interaktion" vielfach unklar (BRUNK 2000, 9).

Mittlerweile wird Desertifikation als eines der größten Umweltprobleme der letzten drei Jahrzehnte angesehen und spielt auch eine große politische Rolle. Außerdem ist Desertifikation ein häufiges und beliebtes Thema in der Welt der (akademischen) Forschung geworden (THOMAS & MIDDLETON 1994, 3).

1.2 DEFINITIONEN

In der Literatur sind weit mehr als 100 unterschiedlich Definitionen des Begriffes Desertifikation zu finden (GLANTZ & ORLOVSKY 1983). Dabei kommt es immer darauf an, in wolchom Zusammenhang Desertifikation steht. Rein geomorphologische Definitionen unterscheiden sich von solchen, die beispielsweise in eine sozio-ökonomische, kulturelle oder politische Richtung gehen (THOMAS & MIDDLETON 1994, 6ff.).

Zumeist wird der Begriff der Desertifikation als Prozess betrachtet, obwohl er sich sowohl auf einen Prozess der Veränderung, als auch auf einen Zustand der Umwelt beziehen muss (THOMAS & MIDDLETON 1994, 6,8). Nach GOUDIE (1991) ist Desertifikation eher eine Abfolge vereinzelter Vorstöße als eine sich kontinuierlich „vorschiebende Strömung". Die Definition des Begriffes Desertifikation ist laut UNCOD (1977) folgende:

Die Verringerung oder Zerstörung des biologischen Potenzials von Land, welches letzten Endes zu wüstenähnlichen Bedingungen führen kann. Es handelt sich um eine Erscheinung weitreichender Verschlechterung von Ökosystemen, die das biologische Potenzial verringert oder zerstört, z.B. Produktion von Tieren und Pflanzen, die für eine vielfache Verwendung beabsichtigt ist, und zwar zu einer Zeit, in der eine zunehmende Produktivität benötigt wird, um die wachsende Bevölkerung beim Streben nach Entwicklung zu unterstützen (UN 1977).

Hier handelt es sich um eine allgemeine Definition für alle möglichen Formen von Degradation, welche die Produktivität herabsetzt. Diese Definition wurde durch die FAO/UNEP (1984) überholt, die das Problem eher aus der Sicht des Menschen betrachtet:

Eine umfassende Bezeichnung für sowohl ökonomische und gesellschaftliche, als auch natürliche und induzierte Prozesse, welche das Gleichgewicht von Böden, Vegetation, Luft und Wasser in Regionen zerstören, die zu edaphischer und/oder klimatischer Aridität neigen. Eine fortgesetzte Verschlechterung führt zu einer Verminderung oder Zerstörung von biologischem Potenzial von Böden, Verschlechterung von Lebensbedingungen und einer Ausweitung von Wüstenlandschaften. Desertifikation bedingt eine Änderung des gesamten Ökosystems (oder zumindest großer Teile davon), so dass im Endeffekt die gesamte degradierte Fläche fortschreitend vergrößert bzw. wüstenhafter wird. Dabei wird auch das Bodenklima mit erhöhter Verdunstung dem der Wüstenbedingungen ähnlicher (MENSCHING 1998, 7f.).

Desertifikation ist jeder Prozess, der in den ariden bzw. semiariden und trockenen subhumiden Klimazonen der Erde im Gefolge anthropogener Eingriffe in den Naturhaushalt, gegebenenfalls unter Beteiligung von

Klimavariationen, zu einer erheblichen Einschränkung der Landnutzungsmöglichkeiten für den Menschen führt und damit zugleich dessen Lebens- und Überlebenschancen in den betroffenen Trockengebieten der Erde, die rund ein Drittel der Landoberfläche der Erde ausmachen, erheblich verschlechtert (MENSCHING & SEUFFERT 2001, 8).

1.3 ENTWICKLUNG UND STAND DER FORSCHUNG

Um die Jahrhundertwende bzw. zu Beginn des 20. Jahrhunderts war die geomorphologische Erforschung der Trockenräume stärker auf Wüsten konzentriert (z.B. PASSARGE 1904), als auf die semiariden Randzonen der Steppen- und Dornbuschsavannen. WALTHER (1912) veröffentlichte erstmalig noch heute gültige Erkenntnisse arid-morphodynamischer Prozesse. Schon früh wurde zwischen fossilen Formenentwicklungen, welche durch vorzeitlich feuchtere Klimaperioden gekennzeichnet sind, und rezenten Formenentwicklungen unterschieden. PASSARGE (1924) stellte fest, dass alte, flächenhaft und relativ schnell ablaufende Abtragungs- und Aufschüttungsprozesse eine Folge von Klimaänderungen sind.

Die nächste Periode geomorphologischer Forschung in den Trockenräumen der Erde erfolgte durch zahlreiche Untersuchungen deutscher Geomorphologen in den 50er bis in die 70er Jahre.

BÜDEL (1980) gewann bei Untersuchungen im afrikanischen und indischen Raum neue Erkenntnisse bzgl. vorzeitlicher Klimate der heutigen Trockenräume der Erde: Paläoklimatische Formenrelikte aus humideren Klimaperioden wurden aus dem Tertiär und Quartär (punktuell) beschrieben. MENSCHING (1984) untersuchte Fußflächen in den Trockenzonen der Erde.

2 DEGRADATION – DESERTIFIKATION

Von Desertifikation spricht man nur dann, wenn die anthropogenen Eingriffe in die Geoökosysteme der Trockenzonen mit der Entstehung tatsächlich wüstenhafter Bedingungen in den betroffenen arid-semiariden Steppen und Savannen, und damit mit einer realen Ausbreitung von Wüsten in solche Regionen hinein, verbunden ist. Auch diese Desertifikationsprozesse variieren je nach Intensität, räumlicher Ausdehnung und Raummuster der anthropogenen Eingriffe in die arid-semiariden Ökosysteme. Dies gilt sowohl hinsichtlich der Art der Schädigung, als auch des Grades der Schädigung, den sie auslösen. Eine wirkliche Desertifikation kann es ohne die naturgegebenen spezifischen Umstände der Trockengebiete allerdings nicht geben. Die zu Dürren (oder gelegentlich auch zu Überflutungen) neigenden Klimagegebenheiten der Trockengebiete sind hierfür entscheidend. Sie bilden ein ökologisches Risikopotenzial, das zwar latent immer vorhanden ist, räumlich, zeitlich und in seinem Ausmaß jedoch stark variiert. Das jeweilige Maß, der Zeitraum und die räumliche Anordnung wie empfindlich das jeweilige Trockengebiets-Ökosystem gegenüber anthropogenen Eingriffen ist. Desertifikation ist in einer gewissen Hinsicht die Extremform bzw. Endphase der Landschaftsdegradation, die durch unangepasste, vor allem landwirtschaftliche Nutzungen (Viehzucht, Ackerbau) lokal (kleinräumig), regional (großräumig) und langfristig möglicherweise sogar zonal wüstenartige Umweltbedingungen in Landschaften entstehen lässt, die vorher keine Wüsten waren (MENSCHING & SEUFFERT 2001, 8).

3 Die geographische Verbreitung der Trockenräume der Erde

Bei der Betrachtung der Trockenräume der Erde wird zwischen hyperariden, semiariden und subhumiden Zonen unterschieden (DICHORÈ, 2002, 21). Nur in diesen Bereichen ist Wüstenneubildung möglich (Abb. 1). Solche Bedingungen sind in Steppen und Savannen der Subtropen und Tropen (insbesondere in den Randtropen), sowohl zonal als auch regional weit verbreitet. Sie fehlen in ganzjährig feuchten Klimaten wie dem mitteleuropäischen Klima der Westwindzone vollständig. Daher können dort auch keine wüstenähnlichen Bedingungen entstehen. Darüber hinaus haben die dortigen Pflanzen eine große Regenerationskraft (MENSCHING 1990, 7f.).

Abb. 1 Die Trockenräume der Erde

PENMAN 1977, 2

WILLIAMS & BALLING (1996, 211) beziffern den Flächenanteil der hyper-ariden Regionen mit 7,5%, den der ariden Regionen mit 12,5%, den der semiariden Gebiete mit 17,5% und den der subhumiden Regionen mit 10%. Nach der Klimaklassifikation von KÖPPEN (1931) korreliert die Verbreitung der Trockenräume der Erde mit den Bs-Klimaten in den Steppen und in den Tropen mit den Aw-Klimaten (Savannen), welche besonders Desertifikationsanfällig sind. Hinzu kommen ebenfalls die Cs-Klimaregionen, welche durch Sommertrockenheit und Winterregen gekennzeichnet sind, sowie die Bw-

Klimate (Wüsten), wo oft Übersandung, Versalzung und Oasensterben anzutreffen ist (STRÄßER 1998, 24ff., 34ff., 47ff.).

BUDYKO (1958) entwickelte einen Trockenheitsindex, welcher sich aus dem Verhältnis des Netto-Strahlungsbetrags, den eine Region erhält, mit der notwendigen Energie, um die Jahresdurchschnittliche Niederschlagsmenge zu verdunsten, ergibt. Ergänzt man die Klimaklassifikation von KÖPPEN mit diesem Index, so ergeben sich fünf verschiedene Regionen, die den Trockenräumen der Erde, und damit den der von der Desertifikation betroffenen bzw. bedrohten Gebieten, zuzuordnen sind (MENSCHING 1990, 7):

Nordamerika	<ul><li>Teile Mexikos (nördlich des 16. Breitengrads)</li><li>Plateaus, Becken, Ebenen der westlichen USA (trockenste Bereiche Zentralkaliforniens, Arizona, New Mexico)</li></ul>
Südamerika	<ul><li>ein schmaler Küstenstreifen westlich der Anden vom Äquator bis 35°S</li><li>ein breiter Streifen östlich der Anden, zwischen 18°S bis nach Patagonien</li><li>kleinere Bereiche im östlichen Brasilien, Kolumbien, Venezuela</li></ul>
Nordafrika und Asien	<ul><li>der große nordafrikanisch-asiatische Trockengürtel: von der Atlantikküste bis zum Nil; vom Nil über die arabische Halbinsel bis weit in den asiatischen Kontinent</li><li>aralokaspische Depression, die meisten Plateaus und Becken von Sinkiang</li><li>Mongolei</li><li>indische und pakistanische Trockengebiete (Rajasthan, unterer Indus)</li><li>nördliches China</li></ul>
Südafrika	<ul><li>schmaler Gürtel in Südafrika</li><li>Kalahari</li><li>zahlreiche Plateaus im Landesinneren</li></ul>
Australien	<ul><li>das gesamte Innere des australischen Kontinents</li></ul>

4 DER GEOMORPHOLOGISCHE FORMENSCHATZ DER TROCKENRÄUME DER ERDE

Der heutige Formenschatz der Trockenräume der Erde ist das Ergebnis einer langen klima-geomorphologischen Sequenz von in ihrer Ausprägung verschiedenen morphodynamischen Wirksamkeiten (8.4). Bereits im Tertiär fand der klimatische Wandel von humiderem bzw. wechselfeuchtem Tropenklima hin zu immer länger andauernden Perioden eines ariden Klimas statt. Diese gesamte Entwicklung spiegelt der heutige Formenschatz der Trockenräume im Rahmen seiner morphostrukturellen Genese wieder. Eine wichtige steuernde Funktion kommt in diesem Zusammenhang der Entwicklung des gesamten hydro-morphologischen Netzes mit den großen Wadi-Systemen zu (MENSCHING 1984, 47ff.).

Neben dem Klima ist die morphologische Entwicklung, die zu Großformen des Reliefs führt, ein wichtiger Geofaktor. Diese steht in Zusammenhang mit morphostrukturellen Entwicklungen wie Inselberglandschaften, Sandschwemmebenen, Wadisystemen, Depressionen und Stufen-Flächenrelief und unterliegen einer meist langen morphogenetischen Sequenz von Entwicklungsphasen (MENSCHING 1984, 47ff.).

Abb. 2 Die desertifikationsgefährdeten Zonen nach BUDYKO (1958)

in: Mensching 1990, 9

5 KLIMATISCHE BEDINGUNGEN

Das Klima hat für alle Prozesse der Desertifikation eine entscheidende Bedeutung. Und zwar in jeder Klimazone, in der Desertifikation vorkommt und wirksam ist. Bei den betreffenden Klimaten handelt es sich in erster Linie um die semiariden bis subhumiden Klimate der Subtropen und Tropen (MENSCHING 1990, 28). Bei den Ursachen für Degradationsprozesse spielen die Niederschläge bzgl. der klimatischen Parameter eine übergeordnete Rolle. Klimaschwankungen können neben der für eine bestimmte Region charakteristischen Variabilität und Intensität, vor allem in periodisch trockenen Regionen nachhaltige Auswirkungen haben (BRUNK 2000, 13).

5.1 GEOMORPHOLOGIE UND KLIMAGENESE

Bei der Untersuchung des aktuellen morphodynamischen Systems werden alle Interaktionen zwischen Klima, Gestein, Boden und Vegetation betrachtet. Auch die paläoklimatische bzw. klimagenetische Entwicklung dieses Systems vom Tertiär, bzw. regional auch der Kreidezeit, bis heute ist von Bedeutung. Beispielsweise bedingen Dauer und Intensität der Niederschläge den Grad der Abtragung. Andererseits ist die Dicke der Vegetationsdecke, die mit zunehmender Wasserverfügbarkeit wächst, abtragungshemmend. Demzufolge bringt erst eine erneute Aridifizierung verstärkte Erosionsmöglichkeiten, so lange das Klima noch nicht vollarid ist. Das heißt also, dass ein semiarides Klima gegenüber einem semi-humidem oder tropisch-humidem Klima (im heutigen Trockengebiet) abtragungsbegünstigt ist. Ein Klimawechsel von mehr feuchteren zu mehr trockeneren Klimaphasen ist also ein wichtiger morphogenetischer Vorgang in der Reliefentwicklung der Ariden Zone (MENSCHING 1984, 47f.).

Bereits BAKKER (1966) stellte fest, dass für die Bildung von Pedimenten und Rumpfflächen in Wüsten und Steppen sehr „frequente" oder große Klimaänderungen maßgebend sind. Dabei können Schwankungen zwischen feucht-tropischen, feuchten bzw. wechselfeuchten subtropischen Bedingungen einerseits und Trockenklimaten andererseits die Extrema bilden.

Auch Klimaschwankungen in kürzeren Zeitspannen wie etwa im Bereich von Hundertjahrperioden können, besonders in im tropischen bis subtropischen Marginalbereich, sehr wirksam sein. Sogar eine Niederschlagsvariabilität von Jahr zu Jahr ist an der Steuerung von Erosionsvorgänge in weiten Teilen der Trockengebiete beteiligt. Selbst Trockentalsysteme und verstärkte Hangabtragungsprozesse sind nicht allein Zeiten erhöhten Niederschlags zuzuordnen. Auch in Trockenphasen geringerer Niederschlagsaktivität setzen sich morphodynamische Aktivitäten fort. Beispielsweise zeigen die Wadis der Trockengebiete, dass sehr niederschlagsintensive Ereignisse eine weitaus größere Bedeutung für die Morphodynamik haben, als ein durchschnittlicher arid-morphodynamischer Zustand (MENSCHING 1984, 47ff.)

Tropisch-humide Klimabedingungen sind u.a. wegen der tropischen Tiefenverwitterung und Flächenbildung auch für die Genese des Formenschatzes der Trockenräume wirksam. „Warme Trockenzone der Flächenerhaltung und traditionellen Weiterbildung". „Winterkalte Trockenzone mit Flächenüberprägung durch Glacis und Pedimente" (BÜDEL 1980).

Aride Perioden haben erheblichen Anteil an der Formung, weil sie besonders lange wirksam sind. Tropische Verwitterungsbedingungen wirken als vorbereitende Aktivität. Klimaschwankungen von feucht nach trocken gaben die entscheidenden Impulse für die Abtragungsprozesse (MENSCHING 1984, 47ff.).

5.2 DIE BEDEUTUNG DER NIEDERSCHLÄGE

Die Neigung zur Austrocknung eines Gebietes kann auch durch eine ausgedehnte Verringerung oder sogar vollständige Beseitigung der Vegetationsdecke, die den Niederschlag beeinflusst, verstärkt werden. Eine starke Degradation der Vegetation ruft eine Aridifizierung der Böden hervor (BRUNK 2000, 14).

Die graduelle Ausprägung und Schwankung der Aridität spielt sowohl von Jahr zu Jahr betrachtet, als auch in ihrer Variabilität innerhalb eines Jahres eine sehr wichtige Rolle (MENSCHING 1990, 29). Es wird zwischen hyper- oder vollariden Zonen mit einem Verhältnis zwischen Niederschlag und Verdunstung von weniger als 0,03, ariden Zonen (N:V 0,03 – 0,2), semiariden Zonen (N:V 0,2 –

0,5) und subhumiden Zonen (0,5 - 0,75) unterschieden (DICHORĖ, 2002, 21) (Abb.1).

Eine Aridifizierung der Böden wiederum führt zu schnellerem Oberflächenabfluss und zu einer wesentlich geringeren Evapotranspiration. Die Reduzierung der Evapotranspiration verringert die Wasserdampfanreicherung der Luft nach Niederschlägen. Dadurch wird eine Umstellung der Niederschlagsstruktur hin zu persistenten Niederschlägen (vorherrschend in den Kernmonaten der Regenzeiten) erschwert. Daraus folgt eine das Pflanzenwachstum einschränkende und Grundwasserneubildung verringernde hydrologische Degradation des Bodenwasserhaushalts (BRUNK 2000, 14).

5.3 DER STRAHLUNGSHAUSHALT

Veränderungen im Strahlungshaushalt der betroffenen Regionen sind eine weitere klimatische Auswirkung der Vegetationsbeseitigung: Die Erwärmung der vegetationslosen Bodenoberfläche wird dadurch gefördert. Diese Aufheizung bewirkt wiederum eine Austrocknung und Verfestigung des Bodens und die Verstärkung konvektiver Luftmassenbewegungen. Konvektive Luftmassenbewegungen begünstigen die Entstehung von Starkregenereignissen, welche ihrerseits die niederschlagsbedingte Erosion fördern und erhöhen (BRUNK 2000, 14).

5.4 AUSWIRKUNGEN GLOBALER KLIMASCHWANKUNGEN

Die Variabilität des Klimas, besonders die Variabilität der Niederschläge, ist in den meisten Trockengebieten relativ hoch. Die überwiegenden Gründe für jährliche Niederschlagsvariabilitäten hängen eng mit dem natürlichen Verhalten des globalen Klimasystems zusammen. Niederschlagsvariabilität in den Trockenräumen kann verbunden sein mit lokalen und regionalen vorhergehenden Bedingungen der Bodenfeuchte, allgemeinen atmosphärischen Zirkulationsmustern, Temperaturen der Meeresoberfläche und (anderen) meteorologischen Phänomenen, die in unterschiedlichen Regionen der Welt vorkommen (WILLIAMS & BALLING 1996, 164).

Beim Auftreten von Niederschlagsvariabilitäten kommt es vor allem auf den Zeitpunkt an, an dem die Anomalien stattfinden. Ausschlaggebend für die Entwicklung einer Trockenperiode oder Dürre ist, wann Regen bringende Winde ausbleiben; beispielsweise die Monsunwinde in Indien, Südostasien und Ostafrika (CAVIEDES 2001, 50f.). Es gibt verschiedene Bedingungen, die ein Regendefizit verursachen können. Sofern sie nicht den Niederschlag verhindern, so verzögern sie zumindest den rechtzeitigen Beginn der jeweiligen Regensaison in den semiariden Tropen und Subtropen (CAVIEDES 2001, 49f.).

- Veränderungen in den tropischen Luftdruckgebieten im Zusammenhang mit Schwankungen der Walker-Zirkulation (Gebiet in dem Hitze und Feuchtigkeit in die Atmosphäre abgegeben werden)

- Blockierungssituationen, weil sich die tropischen Hochdruckgebiete verstärken

- Schwächung oder Ausbleiben der jahreszeitlichen feuchten Winde

(CAVIEDES 2001, 50).

Bei einer Verschiebung des warmen Oberflächenwassers am Äquator in anormalen Jahren aufgrund von El Niño-Ereignissen verschiebt sich die aufsteigende Strömung der Walker-Zirkulation von ihrer üblichen Position aus von Indonesien und den Philippinen in den mittleren Pazifik. Dies führt zu einem Absinken der trockenen Luft in die äquatorialen Breiten Australiens und Asiens. Darüber hinaus werden die anliegenden Kontinente maßgeblich von Nebenkreisläufen über dem Indischen und Atlantischen Ozean beeinflusst. Hier ist die aufsteigende Luftströmung über dem warmen Kontinent ausgebildet und die absteigende über dem relativ kälterem Ozean. Während El Niño-Ereignissen verschieben sich folglich auch die Strömungen der Nebenkreisläufe. Infolgedessen steigt über Indien, dem tropischen Afrika und den Tiefländern Südamerikas östlich der Anden trockene Luft ab. Dies führt zu einem Ausbleiben der Niederschläge.

Die Hauptlieferanten von Niederschlägen sind wandernde Tiefs und Fronten. Wenn Hochdruckzentren so stark sind, dass diese Tiefs und Fronten nicht vordringen können, entstehen Blockierungssituationen. Dies ergibt sich oft in

Zusammenhang mit geringen Temperaturen in den Meeren oder über Kontinentalmassen im Winter. Wenn die feuchten Winde aus dem Indischen Ozean nicht weit genug vordringen, bleibt im ostafrikanischen Inland der Regen aus. Die Ursachen für das Fernhalten der Regen bringenden Winde für Zentral- und Westafrika sind wiederum anders zu erklären (CAVIEDES 2001, 51).

6 Ursachen der Desertifikation

Für die Desertifikation ist ein Zusammenspiel aus mehreren Ursachenfaktoren verantwortlich. Fast immer spielen dabei der Trend hin zur Aridisierung, die hohe Variabilität der Niederschläge und immer wiederkehrende Dürren die Grundlage. Dazu kommen menschliche Eingriffe in das Ökosystem in Form von Ackerbau und Weidewirtschaft in den Risikozonen. Die größten von Desertifikation betroffenen Regionen liegen alle in Zonen der Trockengebiete, die durch Dürren bedroht sind (MENSCHING 1990, 50).

Die anthropogenen Ursachen alleine haben keine ökologischen Degradationsfolgen. Landnutzungsmethoden etwa, die nicht den ökologischen Gegebenheiten angepasst sind, führen zwar unausweichlich zur Degradation der ariden und semiariden Naturlandschaften der Steppen bis Wüstensteppen und der randtropischen Dornbuschsavannen bis Trockensavannen, jedoch kann nur ihr Zusammenwirken mit entsprechenden klimatischen Bedingungen und Veränderungen zu Desertifikation führen. Dies zeigt z.B. der Zusammenhang (klimatisch-anthropogen) zwischen aridem Klima und der Bewässerungslandwirtschaft (MAINGUET 1991 ,70).

Man unterscheidet zwischen Desertifikation im Regenfeldbau-, Bewässerungs- und Weideland.

6.1 Klimatische Ursachen

Die klimatischen Auswirkungen in von Desertifikation betroffenen bzw. bedrohten Gebieten betreffen vor allem die Pflanzendecke von Steppen und Savannen mit ihren natürlichen Ökosystemen (vgl. 5). Der Grad der Ausprägung der Aridität betrifft dadurch auch automatisch die Wachstumsperioden von Pflanzen und damit die Produktivität der Kulturpflanzen (MENSCHING 1990, 29).

6.2 Anthropogen bedingte Ursachen

Die anthropogen bedingten Ursachen sind oft auf einen erheblichen Bevölkerungszuwachs zurückzuführen, der ihrerseits andere Ursachen herbeiführt. Dies sind oftmals die Nutzung marginalen, ungeeigneten und leicht verletzbaren Landes, sowie die unkontrollierte Ausweitung urbaner und ländlicher Siedlungen. Darüber hinaus spielt die Ausbeutung toniger, oftmals fruchtbarer, alluvialer Böden für die industrielle Produktion von Baumaterial eine Rolle (MAINGUET 1991, 70). Desertifikation ist oft auch ein Symptom landwirtschaftlicher Vernachlässigung und landwirtschaftlichen Missbrauchs (TIMBERLAKE 1985, 60). Generell handelt es sich um Methoden der Landnutzung, die anscheinend ungeeignet sind und zu einer Degradation der Umwelt führen. Dies sind im allgemeinen Überweidung, Überanbau und Entwaldung. Dazu kommen die eindeutig anthropogen verursachten Versalzungserscheinungen (THOMAS & MIDDLETON 1994, 67).

6.2.1 ÜBERWEIDUNG

Die Überweidung großer Flächen stellt ein bleibendes Problem in von Desertifikation bedrohten Gebieten dar. Oft ist das Ökosystem überfordert, da die Größe der Viehherden über dessen Tragfähigkeit hinauswachsen. Gründe dafür können einerseits wirtschaftlicher Natur sein, andererseits spielen häufig aber auch soziale Ursachen eine Rolle. So gilt zum Beispiel bei einigen Nomadenstämmen die Herdengröße als Statussymbol und Prestigeobjekt. Darüber hinaus können große Herden als Absicherung für die Bevölkerung vor Versorgungsengpässen in ertragsschwachen Jahren dienen. Diese Belastungen werden verstärkt durch unterlassene Rotation der beweideten Flächen und stark eingeschränkte Weidewanderung, die wiederum auf die Herdengröße zurückzuführen sind. Besonders im Bereich von künstlich angelegten Tiefbrunnen vollzieht sich der Prozess der Degradation äußerst schnell. Die großen Herden befinden sich nur selten weit entfernt von der Wasserquelle, womit einige Kilometer um die Brunnen herum die Vegetationsdecke sehr schnell zerstört wird (MAINGUET 1991, 70ff.). Durch die Zerstörung der Vegetationsdecke infolge von Überweidung nimmt die Anzahl der nicht fressbaren Pflanzen zu, bis dass eine produktive Nutzung nicht mehr möglich ist (MENSCHING 1990, 124). Die Hauptaufgaben der Weidelandplanung sind somit die Untersuchung der Tragfähigkeit, mit dem Ziel angepasste

Rotation und geregelte Migration zu erreichen, und die Erstellung ökologischer Basiskarten (MENSCHING 1990, 120).

6.2.2 ÜBERANBAU

Trotz der oftmals nur in geringem Ausmaß vorhandenen Fläche kultivierbaren Landes ist in weiten Teilen der Trockenräume der Erde die Landwirtschaft die Hauptquelle des Lebensunterhalts und des finanziellen Austauschs mit dem Ausland. Wenn nur eine geringe Fläche Land zu Verfügung steht, das kultivierbar ist, kann mit daraus resultierende Übernutzung schnell zu einer Zerstörung des Ökosystems führen in Form von Desertifikation führen. Dazu trägt auch die vielerorts permanent durchgeführte Bewässerung entscheidend bei (MAINGUET 1991, 70).

6.2.3 ENTWALDUNG

Entwaldung ist die Ursache für Desertifikation bei 35% der betroffenen Flächen. Ursachen sind die Erschließung neuer Ackerflächen, der Mangel an alternativen Energieträgern und die Verwendung von Holz als Baumaterial. Dadurch kommt es zu starken bis sehr starken Überbeanspruchungen der forstwirtschaftlichen Flächen. Insbesondere in den ariden Gebieten der Erde ist die Beschaffung von Holz zu einem großen Problem geworden. In Afrika beispielsweise gibt es Städte, die in einem Umkreis von mehr als 100 km komplett gerodet sind.

6.2.4 VERSALZUNG

Bei der Bodenversalzung handelt es sich um eine Anreicherung von im Bodenwasser gelösten oder im Boden bzw. einzelnen Bodenhorizonten gefällten chemischen Verbindungen. In erster Linie handelt es sich um Verbindungen der Alkali- oder Erdalkalimetalle Natrium, Kalium, Calcium und Magnesium mit Säureestern (Cl^-, SO_4^{2-}, HCO_3^-, NO_3^-, CO_3^{2-}) (FANNING 1989).

Im Gegensatz zur primären Bodensalinität, die geogene Ursachen hat und die Folge natürlicher Verlagerungs- und Anreicherungsprozesse von Salzen in Böden ist, handelt es sich bei der sekundären Salinität um anthropogen bedingte, also unnatürliche, Prozesse. Bereits ein drittel aller landwirtschaftlich genutzten Flächen in den ariden und semiariden Klimazonen der Erde sind durch sekundär eingetretene Bodensalinität degradiert (HOPPE 1998, 5).

Die Rolle des Menschen überwiegt die Auswirkungen von Klimaänderungen bzgl. der Versalzungsprozesse, welche durch falsche Bewässerungsmethoden hervorgerufen werden, bei weitem (WILLIAMS & BALLING 1996, 216). Weitere Ursachen sind ein verringertes Wasserangebot, unangepasste Wasserverteilung, Vernachlässigung der Entwässerungssysteme und eine der Wassermenge unangepasste Größe der bewässerten Fläche (MENSCHING 1990, 19).

Da in ariden Gebieten die Verdunstung höher als der Niederschlag ist, sind die Böden durch eine aufsteigende Wasserbewegung gekennzeichnet, wodurch auch die im Boden befindlichen Salze aufwärts transportiert werden. Somit ist das Ausmaß der Versalzung von der nachgelieferten Wassermenge abhängig. An der Bodenoberfläche oder unterhalb der Evapotranspirationsbarriere (geringe ungesättigte Wasserleitfähigkeit aufgrund der starken Austrocknung der oberen Bodenbereiche) kommt es zu einer Ausscheidung der Salze aus dem Kapillarwasser (MENSCHING 1990, 24).

7 STUFEN DER DESERTIFIKATION

DREGNE (1977) differenziert zwischen unterschiedlichen Stufen der Desertifikation anhand der Intensität der Aridität in den jeweiligen Regionen:

Abb. 3 Stufen der Desertifikation

Grad der Desertifikation	Merkmale
schwach	• wenig oder keine Degradierung der Pflanzendecke und der Böden
mäßig	• Pflanzendecke so degradiert, dass keine ausreichenden Weidemöglichkeiten mehr bestehen • äolische und fluviale Erosion (-> kleine Dünen und Gullies) • Bodenversalzung reduziert Pflanzenproduktivität bis auf 50%
schwer	• flächenhafte Degradierung des Landes • dominierende Ausbreitung unerwünschter Pflanzen • Bodenversalzung reduziert Pflanzenproduktivität auf über 50% • verbreitetes Auftreten von Gullies
sehr schwer	• wandernde Sandflächen und Dünen • zahlreiche tiefe Gullies • Verschluss des Bodens durch Salzkrusten

nach Dregne 1977, in: Mensching 1990, 10

8 INDIKATOREN DER DESERTIFIKATION

Es gibt unterschiedliche Indikatoren, welche die Desertifikation kennzeichnen. Für die Degradierung der Böden sind es die pedologischen Indikatoren, die Vegetationsindikatoren bedingen die Degradation der Pflanzendecke. Hydrologische Indikatoren zeigen die Veränderungen des Wasserhaushalts an, und die morphodynamischen Indikatoren die Veränderungen der morphologischen Prozesse.

8.1 PEDOLOGISCHE INDIKATOREN

Die pedologischen Indikatoren sind neben den Indikatoren der Versalzung (vgl. 6.2.4) vor allem Bodenerosionsindikatoren. Dies sind im einzelnen die verstärkte Bildung von Kolluviummaterial, die Freilegung von Kolluviummaterial, die Bildung von Stein- und Wüstenpflastern, die Verringerung des Wurzelraumes der Pflanzen, eine Verringerung des Nährstoffgehalts im Boden, sowie eine Bodengefügeverschlechterung (MENSCHING 1990, 25).

8.2 VEGETATIONSINDIKATOREN

Die ursprüngliche Vegetation bot mit einer Bodenbedeckung von 20-40% einen noch ausreichenden Schutz gegen die Bodenerosion. Durch die Desertifikation kommt es zu einer Abnahme der mehrjährigen und einer Zunahme der annuellen Gräser, die Ansiedlung trockenresistenter Arten, welche ursprünglich aus der ariden Zone stammen. Savannenvegetation bleibt nur in Form von Relikten wie *Adansonia* (Baobab, Affenbrotbaum) bestehen (MENSCHING 1990, 16).

8.3 HYDROLOGISCHE INDIKATOREN

Die Zerstörung der Gras-, Kraut- und Strauchschichten fördert eine schnelle und nachhaltige Austrocknung der Bodendecke, was wiederum eine erhöhte Verdunstung bedingt und damit die Aridifizierung der Böden verursacht. Eine übermäßige Grundwassernutzung (etwa durch Tiefwasserentnahme) verursacht eine temporäre oder permanente Absenkung des

Grundwasserspiegels, was letzten Endes zu einer folgenschweren Desertifikation führen kann. Das Ausbleiben von Flutereignissen im Unterlauf oder Mündungsgebiet von Trockengebietstälern (Wadis, Torrenten, Riviere) ist ein Indikator für degradierte Fluvialsysteme (MENSCHING 1990, 16ff.).

8.4 MORPHODYNAMISCHE INDIKATOREN

Morphodynamische Indikatoren werden durch die Änderung im Gleichgewichtssystem der morphodynamischen Prozesse deutlich. Im allgemeinen nimmt die Wirksamkeit der äolischen Kräfte zu, die fluvialen Komponenten werden akzentuierter. Periodische Abflussereignisse werden episodischer, jedoch wesentlich intensiver.

8.4.1 DÜNENBILDUNG

Eine äolische Deflation bzw. Erosion der oberen Bodenschichten wird durch die Austrocknung sandiger Substrate und Bodenbearbeitung (z.B. Pflügen) begünstigt. Altdünengebiete, die ehemals durch eine Pflanzendecke befestigt waren sind in besonderem Maße betroffen. Sind diese nicht mehr durch die Pflanzendecke fixiert, kommt es dazu, dass neue Dünengebiete entstehen. Diese Dünensysteme können in zuvor noch ökologisch intakte Gebiete, wie Savannen oder auch Anbaugebiete, mit Hilfe des Windes einwandern. Auch Dörfer und Oasen, und damit die Trinkwasserversorgung sind gefährdet. Die Bildung von Dünen kann darüber hinaus die Blockierung von Wadisystemen verursachen. Der dadurch hervorgerufene verhinderte Abfluss von Wasser kann wiederum die Bewässerung der im Unterlauf häufig vorhandenen fruchtbaren Böden verhindern. Außerdem kann es zur Bildung von Nebkadünen kommen (MENSCHING 1990, 20f.).

8.4.2 FLUVIALE AKTIVITÄT

Die Veränderungen der fluvial-morphodynamischen Aktivität äußert sich durch eine vermehrten periodischen bzw. episodischen Abfluss, eine verminderte Abflussmenge und –häufigkeit, jedoch erhöhte Abflussintensität. Diese Prozesse sind, gemeinsam mit einem hohen Sedimenttransport ein sicherer

Indikator für Desertifikation. Gemeinsam mit den Vegetationsindikatoren (Vegetationszerstörung, welche für eine verminderte Infiltration sorgt) wird durch erhöhten Oberflächenabfluss ungehinderte Erosion begünstigt. Dies fördert die Bildung von Tiefenerosionsformen wie Arroyos und Gullies. Betroffen sind in erster Linie die Randbereiche großer Flusstäler. In den Wadis finden sich plötzlich stark eingetiefte und versteilte Abflussrinnen, die bis zum Vorfluter reichen. Dadurch kommt es zu Erosionsprozessen und zur Zerschneidung von Teilen der Flussterrassen und somit zur Zerstörung von Kulturland.

Die Neubildung und Zerstörung von Waditerrassen ist ein Indikator von lateral-erosiven Prozessen. Die Zunahme der Abflussintensität führt zum Auf- und Abbau von Terrassen während ein und demselben Flutereignis. Die Desertifikation verstärkt die „normalen" arid-morphodynamischen Prozesse. Ihre Häufigkeit ist in erster Linie der Indikator für Desertifikation (MENSCHING 1990, 22f.).

9 GEGENMAßNAHMEN/FAZIT

Wenn man Maßnahmen gegen die Desertifikation ergreifen will, sollte man zunächst in Erfahrung bringen, auf welche Art und Weise die Desertifikation hervorgerufen worden ist. Dazu muss man sich zunächst ein Bild von den zur Verfügung stehenden Ressourcen und deren Nutzungsgrenzen machen.

Mancherorts, wie im Regenfeldbauland, kann selbst auf alt hergebrachte, bewährte Anbaumethoden zurückgegriffen werden, die den erschwerten ökologischen Bedingungen in den durch Desertifikation gefährdeten Räumen angepasst sind. Damit kann bereits oftmals erreicht werden, fortschreitende Erosion durch Oberflächenwasser mittels der Anlage von Pflanzhügeln und – dämmen zu verhindern. Dies verhindert die großflächige Erosion durch Regenfälle und bewirkt gleichzeitig ein langsameres Einsickern des Wassers. Pflanzdämme wiederum liegen parallel zu einem Hang und stoppen ebenfalls die Abtragung von Oberboden durch das Oberflächenwasser. Im Staubereich lagern sich Feinsedimente ab, die den Wuchs von Futtergräsern fördern und die Versickerung des Wassers erleichtern. Dies führt auch zu einem Anstieg des Grundwasserspiegels. Auf vollkommen desertifizierten Arealen können Pflanzlöcher angelegt werden, welche mit Mist und Kompost angereichert und wieder in die Löcher gefüllt werden können. Aufforstungsmaßnahmen können nur durch eine gleichzeitige Aufklärung der Bevölkerung (Nutzen des Holzes über seine Eigenschaft als Energieträger) garantiert und als sinnvolle Gegenmaßnahme eingesetzt werden.

Darüber hinaus sollte ein verstärkter Informationsaustausch zwischen nationalen und regionalen Klimaüberwachungsnetzwerken, sowie zwischen Stellen, die für die Vorhersage von Wetter- und Klimaveränderungen zuständig sind, stattfinden. Es sollten Monitoring-Systeme installiert bzw. erweitert werden, welche die entscheidenden Vorgänge der Desertifikation dokumentieren und analysieren können. Dazu gehören die Änderungen der Pflanzendecke, des Bodens (physikalische und chemische Zusammensetzung, Bodenstruktur, organische Komponenten...), des Wasserhaushalts (Bodenwasserhaushalt, Grundwasserbestände, chemische Veränderungen), sowie die Erosionsvorgänge (und ihre Veränderungen) und

Klimaschwankungen (Veränderung des Ariditätsgrades). Dies kann durch Datenauswertung, Errichtung neuer Messstationen, Beobachtungen vor Ort, Luftbildanalysen verschiedener Aufnahmedaten und von Satellitenbildern geschehen. Ziel sollte es sein, Vorhersagen über einsetzende Dürreperioden und deren regionale Verbreitung treffen zu können (WILLIAMS & BALLING 1996, 96ff.).

Ökologische Rehabilitierung erfordert einen integrierbaren Maßnahmenkomplex zur Desertifikationsbekämpfung. Lokale Detailmaßnahmen sind meist wenig wirkungsvoll (MENSCHING 1990, 101f.). Allerdings können Bekämpfungsprogramme alleine das globale Problem der Desertifikation nicht lösen. Nur mit finanzieller Hilfe durch die „Industrieländer" kann ein späterer Erfolg ermöglicht werden. Diese finanziellen Mittel sollten bei der Aufklärung der Bevölkerung und der Installierung sowie Ausweitung eines Beobachtungsnetzes Verwendung finden.

LITERATUR

AUBREVILLE, A. (1949): Climats, forêts et désertification de l'Afrique tropicale. – Soc d'éditions géographiques maritimes et coloniales, Paris.

BRUNK, K. (2000): Formen und Ursachen der geoökologischen Degradation in der südlichen Trockensavanne Nordost-Nigerias. – Frankfurter geowissenschaftliche Arbeiten, Band 26: 9-32.

BAKKER, J.P. (1966): Paläogeographische Betrachtungen aufgrund von fossilen Verwitterungserscheinungen und Sedimenten in Wüsten und Steppen im Bereich des Mittelmeergebietes. – Nova Acta Leopoldina 176 (31): 45-66.

BÜDEL, J. (1980): Klima-Geomorphologie. – Verlag Gebr. Borntraeger, Berlin, Stuttgart: 304 S.

BUDYKO, M.J. (1958): The Heat Balance of the Earth's Surface. – US-Departement of Commerce. Weather Bureau Washington: 259 S.

CAVIEDES, C.N. (2001): El Nino in History. Storming Through the Ages. – University Press of Florida, Gainsville: 167 S.

DICHORÈ, W. (2002): ded Brief 2/3 Weltgipfel Rio+10. - Deutscher Entwicklungsdienst Bonn: 20-21.

DREGNE, H.E. (1985): Desertification of Arid Lands. 2. Auflage, Chur, London, Paris, Utrecht, New York: 242 S

FANNING, D.S. & M.C.B. FANNING (1989): Soil: Morphology, Genesis and Classification. - New York: 395 S.

FAO/UNEP (1984): Provisional methodology for assessment and mapping of desertification. – FAO, Rom.

GLANTZ, M.H. & N. ORLOWSKY (1983): Desertification: a review of the concept. – Desertification Control Bulletin 9: 15-22.

GOUDIE, A.S. (1990): Desert Degradation. – Techniques for Desert Reclamation. Wiley & Sons Ltd. London: 1-33.

HOPPE, W. (1998): Bodenversalzung und Trockenfeldbau in den nördlichen Great Plains. – Duisburger geographische Arbeiten Bd. 17, Dortmunder Vertrieb für Bau- und Planungsliteratur.

KÖPPEN, W. (1931): Grundriss der Klimakunde. - Die Klimate der Erde. Berlin, Leipzig.

MAINGUET, M. (1991): Desertification. – Natural Background and Human Mismanagement. Springer Verlag Berlin, Heidelberg.

MENSCHING, H.G. (1984): Grundvorstellungen zur Geomorphologie der Trockengebiete. – Zeitschrift für Geomorphologie (50): 47-52, Gebr. Borntraeger, Berlin, Stuttgart.

MENSCHING, H.G. (1990): Desertifikation. – Wissenschaftliche Buchgesellschaft, Darmstadt: 170 S.

MENSCHING, H.G. & O. SEUFFERT (2001): Landschaftsdegradation - Desertifikation: Erscheinungsformen, Entwicklung und Bekämpfung eines globalen Umweltsyndroms. - Degradation – Desertifikation. In: Petermanns Geographische Mitteilungen (4): 8-9.

PASSARGE, S. (1904): Die Kalahari - Versuch einer physisch-geographischen Darstellung der Sandfelder des südafrikanischen Beckens. - Berlin.

PASSARGE, S. (1924): Die politische Erdkunde Afrikas vor dem Eingreifen der europäischen Kolonisation. - Petermanns Mitteilungen, 70: 253-261.

PENMAN, H.L. (1977): Arid regions. – Nature and ressources 3 (13): 2-3.

STRÄßER, M. (1998): Klimadiagramme zur Köppenschen Klimaklassifikation: 201 Klimadiagramme. – Klett-Perthes Gotha, Stuttgart.

THOMAS, D.S.G. & N. Middleton (1994): Desertification: Exploding the Myth. – Wiley & Sons Ltd, Chichester, England: 194 S.

TIMBERLAKE, L. (1985): Africa in crisis. – Earthscan, London.

UN (1977): Desertification, its causes and consequences. – Pergamon Press, Oxford.

UNITED NATIONS ENVIRONMENT PROGRAMME (1987): Sands of Change. – UNEP Environment Brief 2.

WALTHER, J. (1912): Das Gesetz der Wüstenbildung in Gegenwart und Vorzeit. – Quelle und Meyer, Leipzig: 342 S.

WILLIAMS, M.A.J. & R.C. BALLING JR. (1996): Interactions of Desertification and Climate. - Arnold. London, New York, Sydney, Auckland: 270 S.